中山大学数学学科发展丛书

峥嵘岁月数范情
数学老教授寻访录

Zhengrong Suiyue Shuyuanqing

主　编 ◎ 阮映东　姚正安
副主编 ◎ 程月华　陈兵龙　郭先平　李晓超

中山大学出版社
SUN YAT-SEN UNIVERSITY PRESS
·广州·

版权所有　翻印必究

图书在版编目（CIP）数据

峥嵘岁月数苑情/阮映东，姚正安主编. —广州：中山大学出版社，2016.12
（中山大学数学学科发展丛书）
ISBN 978-7-306-05928-4

Ⅰ. ①峥…　Ⅱ. ①阮…②姚…　Ⅲ. ①中山大学—数学—学科发展—概况　Ⅳ. ①O1

中国版本图书馆 CIP 数据核字（2016）第 292602 号

出版人：徐　劲
策划编辑：吕肖剑　王　琦
责任编辑：王　琦
封面设计：林绵华
责任校对：杨文泉
责任技编：何雅涛
出版发行：中山大学出版社
电　　话：编辑部 020-84113349，84110779
　　　　　发行部 020-84111998，84111981，84111160
地　　址：广州市新港西路135号
邮　　编：510275　　　传　　真：020-84036565
网　　址：http://www.zsup.com.cn　　E-mail：zdcbs@mail.sysu.edu.cn
印 刷 者：佛山市浩文彩色印刷有限公司
规　　格：787mm×1092mm　1/16　5 印张　47 千字
版次印次：2016 年 12 月第 1 版　2016 年 12 月第 1 次印刷
定　　价：28.00 元

如发现本书因印装质量影响阅读，请与出版社发行部联系调换

总　　序

　　数学是一个别具风采和气度的学科，古往今来，诸多优秀的学者沉潜其中，令其"发光发热"，推动着科学技术和整个社会的进步。中山大学数学学科自1924年随校创建以来，始终孜孜不倦，坚韧求索。时至今日，已经成为师资力量雄厚、学科分布均衡，在科研建设和人才培养等诸多方面取得良好成绩的基础院系之一。数学学科的发展始终坚持兼收并蓄、博采众长的传统，众学者展现出正误分明、治学严谨的风范。时至今日，在这92年的漫漫征程中，前辈学者的言传身教是上述优良传统得以传承的前提和基础。

　　著名的教育家梅贻琦先生在就任清华大学校长时说："所谓大学者，非谓有大楼之谓也，有大师之谓也"，强调的其实也是优秀的学者之于学术、之于学科、之于学院、之于大学的精神传承。前辈学者的成就、付出、感受和见地不仅给予莘莘学子示范，也是学术精神、学科传统的载体。也正因如此，在中山大学李萍副书记的指导和相关部门的支持下，数学学院的同事和同学们希望通过寻访老教授们的治学足迹，整理编辑"中山大学数学学科发展丛书"。

　　这本《峥嵘岁月数苑情——数学老教授寻访录》由七篇访谈构成，包含邓集贤、林伟、司徒荣、邓永录、赵怡、徐远通、周勤学等七位老教授的人物访谈。被访者们在言谈举止间折射出数学学科的前辈学者隽永的人格魅力，成为教学和科研探索中的一种光亮、一种力量。老教授们在访谈中有回顾，有反思，有畅想，也有展望。无论是总结研究经验，还是回望教学实践，亦或谈论个人生活，书中每一篇人物访谈都有一个独特的视角。访谈和编辑的过程既是年轻学者与前辈交流的过程，也是一个学科的文化和传统得到传承和发扬的过程。前辈的学术探求和思索，治学经历和感悟，以及交流中所展现出的对数学学科未来发展趋势的思量，都成为我们弥足珍贵的精神财富。

中山大学数学学科经历92年的发展，优秀学者层出不穷，本书由于篇幅所限，仅选取其中七位学者，难免有"遗珠之憾"。正因如此，我们希望抓紧时间，将寻访老教授的工作继续下去，让数学学科的传统和精神得到更好的传承，并发扬光大。

阮映东

中山大学数学学院党委书记

前　言

数学作为重要的基础科学，始终推动着科学、技术以及社会各方面的进步。在 17 世纪工业革命时代，英国唯物主义哲学家弗·培根（F. Bacon）曾提出"知识就是力量"的响亮口号，同时指出"数学是打开科学大门的钥匙"。意大利数学家、物理学家、天文学家，科学革命的先驱伽利略也曾感叹："大自然是一本书，这本书是用数学写的"。数学的重要地位可见一斑。

中山大学早在 1924 年创建时，就设立了包括数学系在内的六个系，中山大学数学学科由此踏上了坚韧求索、曲折发展的漫漫征程。光阴荏苒，白驹过隙。时至今日，中山大学数学学科已经走过了九十多年历程。为了铭记老一辈中大数学人的拓荒伟业和求索精神，帮助风华正茂的数苑学子从前辈的事迹和思索中汲取精神营养并完成专业的知识传承，在学校领导的大力倡导和支持下，数学学院决定编写"中山大学数学学科发展丛书"。

"中山大学数学学科发展丛书"由若干单行册组成，采用寻访老校友的方式搜集资料，通过一系列老校友纪实性的客观描述，力求连贯成数学学科发展历史的完整画卷。在本书的寻访和编纂过程中，得到了林伟、邓集贤、司徒荣、邓永录、赵怡、徐远通、周勤学等老专家、老领导的热情支持,数学学院周彦敏、许桂生等相关工作人员的精心组织,以及本科生组成的校友寻访队成员倾心配合,在此一并衷心致谢!

编　者

2016 年 10 月于康乐园

目　　录

中山大学数学学科的发展历程 ……………………………… 1

吾人咏歌　独惭康乐
　　——邓集贤教授访谈录………………………………… 3

历经岁月洗礼　饱览数学人生
　　——林伟教授访谈录…………………………………… 11

做一名"能数能别"的数学工作者
　　——司徒荣教授访谈录………………………………… 22

刻苦钻研　励精图治
　　——邓永录教授访谈录………………………………… 31

春风化雨　润物无声
　　——赵怡教授访谈录…………………………………… 43

心系数院　桃李满门
　　——徐远通教授访谈录………………………………… 49

忆苦思甜　知足常乐
　　——周勤学教授访谈录………………………………… 59

后　　记 ………………………………………………………… 70

中山大学数学学科的发展历程

1924年，孙中山先生创办中山大学时，数学系即为最早设立的6个系之一；

1926年，更名为"数学天文系"，开始筹建我国最早的天文台；

1947年，分设"数学系"和"天文系"，后者于1952年并入南京大学；

1958年，数学系扩建为"数学力学系"，开设计算数学专业，研制了当时在国内具有较高水平的、可计算五阶常微分方程的模拟电子计算机；

1972年，计算数学专业正式对外招生，并逐步发展计算机软件专业；

1979年，计算数学专业、计算机软件专业组建为"计算机科学系"；

1984年，力学系独立分设；

1989年，计算机科学系并入岭南学院；

1997年，数学系、数学研究所与从岭南学院分出的科学计算与计算机应用系，合并建成"数学与计算科学学院"；

1998年，数学学科成为具有博士、硕士学位授予权的一级学科点；

2002年，基础数学二级学科点成为国家级重点二级学科点；

2007年，数学学科成为广东省重点一级学科点；

2012年，数学学科分设数学与统计学两个一级学科，数学学科点再度入选广东省重点一级学科点（攀峰类），统计学科点入选广东省重点一级学科点（优势类）。

2016年，随着学校的院系调整，计算数学专业部分教师调至"数据科学与计算机学院"，学院更名为"数学学院"。

吾人咏歌　独惭康乐

——邓集贤教授访谈录

〖采访者信息〗

采访时间：2016 年 9 月 4 日

采访人员：杨重报、赵帆帆、胡宇鹏

访谈录作者：胡宇鹏

〖受访者简介〗

邓集贤　教授，1949 年进入广西大学数学系学习，院系调整后来到中山大学，1956 年中山大学数学系毕业。毕业后前往北京大学数学所学习，后回到中山大学，任数学与计算科学学院教授，历任概率统计教研室副主任、主任，兼任中国概率统计学会时间序列专业委员会副主任委员、全国现场统计研究会理事、广东省现场统计学会副理事长、广东省统计学会理事。

邓集贤教授从事数学教学工作五十余年，具有丰富的教学管理经验，现已退休。

邓教授在教学工作方面成绩斐然，为国家培养出许多杰出人才。他桃李天下，学生中不乏广东省省长、深圳大学副校长、中山大学计算中心党委书记、中山大学软件学院院长等业界精英。

邓集贤教授主持编著出版的论著有：《概率论及数理统计》上、下册（共四版），《随机过程》，《经济预测与决策的数据方法》，《东莞市专门人才预测与规划》；合译出版《随机过程》（Ⅰ）（俄文）、《概率引论及统计应用》（英文）。科研成果获多项三等奖和一等奖；教学方面曾获广东省颁发的教学先进奖。曾荣获国务院颁发的政府特殊津贴。

九月伊始，羊城的暑气尚未消散，康乐园里依旧生机勃勃，丝毫没有清秋将至的凉意。循着小桥流水，我们来到中山大学南校园离退休教师活动中心，与教授邓集贤教授畅谈。

自主学习　独立思考

甫一入座，不待我们发问，邓教授便向我们娓娓道来。教授开门见山地提出了两个观点：第一，老师和同学不仅应是师生关系，还应该是"同伙关系"；第二，在和平年代更应该珍惜大学的美好时光，众学子更应该努力学习。

首先，教授对学生和老师之间的关系表达了自己的看法。广义的师生关系自然勿需多言：学生在老师的指引下学习，完成老师布置的各项学习任务；老师按照教学要求将知识传授给学生，并解答学生的疑惑。而"同伙关系"则是非常新颖、形象且颇具深度的认识。邓教授认为，老师和学生之间不仅需要有最基本的教学关系，而且应为了共同的目标而奋斗。这种目标是什么呢？应该是在专业学科上进步的热情。老师和学生之间不仅应有师生关系，还应有朋友关系，甚至于"同伙关系"，与学生"打成一片"。

我们知道，"同伙"一词指的是一起参加某种组织或共同参加某种活动的人，往往含有贬义，而教授在此精确地归纳出了"强烈的目的性"这一精神属性。老师处在科学领域的前沿，披荆斩棘，开创天地；学生还在象牙塔的襁褓之中，正在成长为栋梁的路上不断吸取知识的营养，师生携手前进。老师与学生心心相映，传承知识，探索未来，这正是学科发展的强劲动力。

学生敢于表达对知识的疑惑，就是学生和老师"打成一片"的重要体现。在邓教授过往的教育生涯中，有一个学生令他印象尤为深刻。当时，邓教授主讲数学分析课，每次都需要给全年级200多人上课，而且连续上2年。该学生在上完数学分析课之后，给教授写了一封信，在感谢邓教授的悉心教导之余，还指出"把东西都讲完了，没有给学生思考的空间"。由此，该学生独立自主学习的精神可见一斑。邓教授深受触动,并将该信保留至今。在给学生上实变函数课时,教授也曾遇到过学生在课堂直接站起来提问的情况。邓教授认为:学生不应当受到老师思路的限制,一是因为较大年龄的老师思维比较慢,且体系比较固化;二是因为学生所提出的问题本身很值得考虑,甚至可能是大家共有的问题,提出这样的问题有利于引起大家的思考,促进大家共同进步。邓教授鼓励学生们有问题就问,不要怕老师。年轻人应当多想多思考,实现"青出于蓝胜于蓝"。"数学的发展是需要年轻人的,不能只靠老人",教授的这番话便是对年轻一代最殷切的期许。

艰苦求学　成果颇丰

在阐述完"同伙关系"之后,邓教授接着开始讲述他始自战乱年代开始的学术情结。邓集贤教授是梅县客家人,操着一口客家普通话。他读小学时适逢抗日战争,学习和生活条件都十分艰苦,上学读书甚至没有课本。小学毕业时,邓教授恰好赶上抗日战争胜利,他便选择在梅县的师范学校继续上学。由于在那里读书不需要花钱,年幼的邓教授才有机会捧起书本。就这样,他度过了困苦与懵懂的中学时代,步入了大学校园。新中国刚成立时,邓教授前往广西大学就读,在院系调整时来到了中山大学,毕业后前往北京大学数学所进修,最后回到中山大学任教,并且一待就是 50 年。提起自己的大学时代,教授满怀唏嘘。他说当时的学习资源十分匮乏,买书很难,而同学们的求知欲又十分旺盛,一旦有出书的消息,同学们就会在书店门口排起长龙等候买书。这样的场景对于目前可以用多种方式获取知识的我们来说，是难以想象的。除了学习资源的匮乏，邓教授在求学时也遇到了政治因素带来的学习困扰。当时适逢中苏关系蜜月期，苏联对华实施全面援助，也带来了苏式的教育体系。教授在中大求学时学习的外语是俄语，用的教材都是苏联翻译的教材，而到了北大数学所后，接触的学术资料却全是用英文撰写的，这给他的深造带来了极大的不便。于是，在北大数学所的日子，一个很重要的事项便是背英语单词。为了满足自己研读前沿资料的需要，邓教授花费了大量的时间和精力在背英语单词上。凭借着坚韧不拔的毅力，他最终克服了这道语言难关，在漫漫求索之路上又向前迈出了一大步。言毕，邓教授勉励我们：在和平年代可以专心学习，有好条件就更要加把劲。

谈起教育生涯50年中最开心的事，邓教授认为是教过的许多学生都在各自的工作领域有所成就。邓教授特别提到了一位他曾指导过的研究生，宋心远女士。宋女士的知识悟性极好，在邓教授的悉心指导下，专业进步很快，取得了丰富的科研成果，目前在香港中文大学统计系担任教授。此外，邓教授还列举了许许多多杰出学生的例子，其中不乏广东省省长、深圳大学副校长、中山大学计算中心党委书记、中山大学软件学院院长等业界精英。桃李满天下如这般，实乃教育从业者的一大幸事，也难怪邓教授将此列为50年教育生涯中的一大乐事。

作为一名基础学科领域的教授，除了需要向学生传授知识，助力学生成长外，还需要在尖端科研领域有所担当，充当人类扩展科学事业的急先锋。谈起科学发展，邓教授为我们指明了三条路径：一是学科本身矛盾的发展；二是其他学科的影响；三是实际应用中的影响。所谓"学科本身矛盾的发展"，是指在学科的知识体系中，会存在着一些尚未完善的领域，进而存在着矛盾问题与知识漏洞，科学家会本能地努力解决矛盾问题、填补知识漏洞；所谓"其他学科的影响"，是指一些学科的思想会渗透、影响其他学科，进而开花结果，譬如"数学物理方程"领域便是数学与物理学思想交融升华的结晶。所谓"实际应用中的影响"，是指在实际的生产、生活中会产生对学科知识的需求，科学家在致力于解决实际问题的过程中会带动相应学科的发展。对此，邓教授也建议我们，在学习的过程中应当多思考所学数学表述在各学科中的具体含义及意义，多加关注数学在实际问题中的应用。

潜心教育　心得独到

在访谈的过程中，邓教授也对我们的学习提出了可行性建议。

在"学习战略"上，邓教授引用了华罗庚先生的名言："读书应当先把薄的读成厚的，再把书从厚的读成薄的"。在一开始学习的时候，应当多做标记、摘录，将不懂的地方及时记录下来，并及时将问题付诸解决；在初步扩充自己的知识库之后，应当从中提炼出核心，找到这门学科建立的目的之所在，并摸清学科的方法论，进而建立起一套系统的知识体系。除此之外，在学习的过程中，我们不应受到既有的条条框框的影响，而应明确自己的学习目标，做到独立思考、认真理解，将所学知识内化为自己的数学思想。直至达到能给别人讲清楚、能解决别人问题的程度，才是真正的学有所成了。不仅如此，在漫漫的人生路以及时代发展的快车道上，我们还应当继续学习，甚至终身学习，走在时代前沿，争当时代的弄潮儿。

在"学习战术"上，邓教授也向我们提供了切实可行的建议。由于寻访队伍中有2名大二的学生，邓教授着重就实变函数和概率论这两门课程阐述了自己的观点。关于实变函数，要多关注其中的测度论部分，将其学通、学透，如此既有利于其他章节的掌握，也能更深入地研究概率论；关于概率论，则应想办法克服古典概率这道难关，掌握概率空间的相关性质，并熟知离散的基数观点和连续的积分观点。随后，邓教授还以亲身经历勉励我们，应当在考试过程中放平心态。

谈到对基础教育和个人生活的看法时，教授说，在大学生成长发育阶段，最重要的任务应当是培养他们对于学科的兴趣，早年培养的学科兴趣对于日后的集中学习有着非常大的助推作用，正所谓"兴趣是最好的老师"；学业虽忙也不应忽视健康，学习之余多加锻炼身体，也可以通过合理运用中医手段来调养自己的身体。邓教授对于学生上网这一现象持宽容的看法，他认为在学生有着学科兴趣的前提下，老师和家长不应过度干预学生的上网行为，而应做好适当的疏导。学生上网是为了实现劳逸结合,过度的干预会激起他们的逆反心理,进而带来负面的效果。

"岁月从她身旁轻轻流过,我们不但未见其龙钟之态,反而欣喜地发现,她的生命如同那古木,从墨绿的深邃中滋发出翠绿的生机。"这是笔者的母校深圳中学官方网站上的一句话。康乐园里的青葱古木与亭下闲谈的智者相映成趣,在似水的流年里,成为中大精神最好的见证。

图1　邓集贤教授与寻访队员合影

历经岁月洗礼 饱览数学人生

——林伟教授访谈录

〖采访者信息〗

采访时间：2016 年 11 月 25 日

采访人员：徐璇、余卓君、陈昱成、霍俊邦、毛绮雯

访谈录作者：徐璇

〖受访者简介〗

林　伟 教授，博士生导师。1951 年进入中山大学数学系就读本科，1960 年获硕士学位。后留校任教，1982 年赴美国特科华大学进修。曾任中山大学数学系主任与数学研究所所长，兼《应用数学学报》和美国《Applicable Analysis》等杂志编委，任国家自然科学基金委员会数学学科专家评审组成员、中国数学学会两届理事、中国自动化学会理事、广东省自动化学会副理事长、广东省数学会理事长。

林伟教授长期从事基础数学和应用数学研究工作，主要研究方向为偏微分方程与分布参数控制系统。20世纪60年代初，在华罗庚教授的指导下，林伟教授开展了对二阶偏微分方程组分类和定解问题的研究，并取得了具有国际水平的系统结果，与华罗庚等人合著《二阶两个自变数两个未知函数的常系数线性偏微分方程组》一书。20世纪70年代，林伟教授从事自动化研究工作，获工程项目奖，编写了《分布参数控制系统》。

在40多年的学术生涯中，林伟教授共发表约70篇学术论文，并先后在中国、美国和英国出版了4部专著和译著，参与编写会议论文集2部，承担国家基金重点项目（子课题负责人）2项，主持国家自然科学基金3项、博士基金2项、广东自然界科学基金4项，曾获广东科学大会奖、广东科技奖。曾被评为"2004年度中山大学杰出教师桐山奖获得者"。

图2　林伟教授获得广东科学大会表彰

采访那天正值初冬,冷风扑面。沿着蜿蜒小径,我们来到了林伟教授的住宅楼下,此时阳光正好,照耀着篱笆里略显枯萎但依然倔强绽放的杜鹃。阳光驱散了寒意,更让人感到温暖的是林教授对我们的热情接待。

抿一口热茶,萦绕在鼻尖的茉莉花香还未散去,我们就随着林教授的娓娓叙述,回到了20世纪50年代的中山大学……

图 3　1986 年林伟教授教龄满 25 年

院系发展　曲折前进

林伟教授于 1952 年入学,当时数学系刚由中山大学数学天文系与岭南大学数学系合并而成。在经济困难时期,只有对数学有浓厚兴趣的人才会选择数学专业，因此读数学专业的人很少，每个仅3至5人。据林教授回忆，刚入数学系时，该系大三学生只有30余人，大二学生中，中山大学的学子仅3人。经过1953年的院系调整，并入一部分南昌大学和广西大学的学生，数学系才渐渐壮大，1952级最终有约110人。

1958年，中山大学力学系正式挂牌，数学系一部分老师被抽调过去教授力学，1960级部分学生也被抽调去北京大学学习力学。"文革"初期，学校的教学秩序受到了严重影响，1969年前后才开始少量招生。但是，有部分人认为，数学、物理、化学等基础学科没有用，甚至出现了"砸倒数学系"的口号，所以学校将这些系转

图4　2011年校友日校友返校纪念大会，林伟教授作为教师代表讲话

为电子厂、自控组。1972年，数学系与力学系复办；1975年，数学系、力学系与计算科学系合办；1979年，计算科学系独立；1884年，力学系独立。

中山大学数学系从建立伊始发展到现在，有过合并，有过分流，经历过春天，也经历过冬天。尽管如此，中大数学系就像长江那样，尽管一路曲折跌宕，始终奔流向东不复还，一直行进在持续发展的道路上。

师生风采　次第花开

20世纪50年代的数学系规模较小，但在中山大学校内影响力较大，正是因为有不少举足轻重的大师，为数学系的持续发展提供了保障。林老师说，当年数学系有8位老师，其中有1名一级教授、3名二级教授。而整个学校也就只有2名一级教授，一位是历史系的陈寅恪教授，另一位就是我们数学系毕业于哈佛大学的姜立夫教授。3名二级教授分别是刘俊贤教授、胡金昌教授和郑曾同教授。院系调整后，姜、胡、刘三位教授均成为中山大学筹备委员会成员。

林老师听过全系8位老师的授课，其中不乏很多优秀的课堂教学，其中，郑曾同教授和许淞庆教授的授课令林老师印象最深。郑曾同教授毕业于耶鲁大学，主要研究随机过程。林老师听过他讲授的数学分析和实变函数两门课程，认为他讲课非常清晰自然。不同于其他几位毕业于海外名校的教授，许淞庆教授毕业于中山大学本校，林老师十分钦佩他的教学。许淞庆教授毕业时，系主任刘俊贤教授认为他有很独到的想法和创意，就请他留下来当讲师。新中国成立后，领导派许教授到北京大学进修，回校后负责系里的工作。林老师回忆道，许教授心地非常好，教学时认真负责，平时也能把学生团结在一起。因为许教授没有留过洋，上级就决定派他去苏联，在列宁格勒跟着2位很有名的常微分方程专家学习。许教授做学问很刻苦，睡觉的时间很少。后来，他写了2部很好的教材：一部是《常微分方程》教科书，直到现在还在全国广泛使用，而且评价很高；另一部是《常微分方程稳定性理论》，这是我国第一本常微分方程方面的著作。此外，许教授还是中山大学第一至第四届的党委委员和广东省省委的候补委员。虽说是"大红人"，但许教授能够保持初心，不论何时，都不为暂时的形势左右。他还很赏识一些看起来并不先进、难以被别人赏识的人，其中有一位后来成为了香港高校的教授。可惜许教授因为长期劳累，70岁就过世了。另外，刘俊贤教授也令林老师印象深刻。20世纪50年代初，国家需要数学老师，但一部分学生由于受时局影响，数学基础不扎实，刘老师就自己写数学分析讲义，给他们补课和改习题。这批学生毕业后都被分配到了高等学校当老师，为国家建设发挥了重要作用，这其中很大一部分是刘俊贤老师的功劳。

　　谈到数学系培养出的优秀人才，林老师更是滔滔不绝。新中国成立前，有专门研究代数的李华宗教授、在武汉大学工作的李国平教授，以及当时相当有影响力的黄用谞教授。黄用谞教授数学功力

图 5　林伟教授荣获卓越服务奖

深厚，在三大数学杂志上均发表过文章，这对当时中国数学家获得国际数学界认可，是十分关键的。黄教授后来到香港大学工作，并担任香港大学数学系主任。当时在香港，华人一直都是没有地位的，但黄用诹教授凭借实力成为港大第一位华人副校长。这位老先生对母校很有感情，一旦时间允许，就回到中山大学授课，20世纪90年代还捐献了30万港币（当时约合人民币40万元）作为数学系的奖学金，之后又捐了40万元。时任中山大学数学系主任的邓东皋教授把这些捐款存起来，冠名为"黄用诹奖学金"，用每年的利息奖励1至2名优秀硕士研究生。黄老先生和刘俊贤老师关系很亲密，在刘老师过世后经常回来看望刘老师的家人。新中国成立后，中山大学数学系陆续涌现出许多优秀人才。比如陆启铿校友曾得华罗庚先生亲传，醉心于研究复变函数；张寿武校友被哥伦比亚大学聘为教授，是美国的科学院与艺术院院士；还有杰出校友朱熹平教授等。林老师说，他记得朱熹平教授念一本书，专门用一两年的时间来研读，很认真，所以他的数学功底非常好。此外，还有在政治方面有过人才华的黄华华省长。他对母校也十分有感情，帮助设立了奖金，鼓励教师们潜心研究，对后来数学系的建设与发展起到极大的推动作用。

图6　华罗庚、林伟、吴兹潜先生合编著作

生活剪影　苦中有乐

20 世纪中期，中山大学还很荒凉，现在的英东体育馆原先是水稻田，西区的教工宿舍只有几座公有房，其他都是岭南大学农学院养牛、养猪的地方。林老师曾因从未见过奶牛，还专门跑到养牛场看奶牛。

图 7　林伟教授与夫人近照

林老师回忆说，过去的工作、生活都很规律，每晚十点半关灯，第二天六点多起床，做操、早餐后开始工作。有时候有七点半的早课，因为排队用餐的队伍很长，林老师便总是在其他学生排队吃饭的时候背俄语单词，然后再匆匆忙忙吃饭。林老师很喜欢去图书馆，经常抓紧课间时间去图书馆学习。当时的图书馆面积很小，座位也很挤，但同学们都很上进、勤奋，图书馆门前排队的人多时，可以从孙中山铜像一直排到小礼堂。

当时的数学书都是从俄文翻译过来的，为了更好地学习数学，林老师学习了俄文，阅读了不少俄文原著。了解到我们现在几乎没有时间学习英语，林老师劝勉我们不要放弃英语学习："对大学生，特别是你们这个年代的青年人，最好要学会一两种外语。当时我们也没有时间，只能每天都花点时间。Everyday is the best way. 每天都积累一点，就不容易忘了。最好是将来能够走出国门，我不是要求你们一定要出国留学，而是出去看看世界，学点东西回来，感受一下国内、国外的不同。"林老师还建议我们读一些英文版的数学书，如数学分析方面的读物，这能够加深对专业知识的理解和记忆。

林老师说，他这一生有两个不悔，其中一个就是不悔做老师。虽然有很多困难，但通过和年轻人之间的交流，获得很多快乐和很大收获。比起"教授"这个称呼，他更愿意我们喊他"老师"。此外，对于罗校长关爱年轻一代的呼吁，他觉得关键的一点是要培养数学系的年轻人，因为数学是年轻的世界，数学需要创新。

临别时，林老师表达了对我们这一代学子的期望，希望我们能够提高学术水平，让数学系人才辈出！

采访结束后，当我们再次看到楼外明艳的杜鹃花时，脑海中闪过的是采访中途林老师接听学生电话时温柔慈祥的侧影，是林老师说"无悔"时坚定的眼神,是一位位数学大师刻苦钻研的身影,是中山大学数学系历经洗礼后更辉煌的未来!希望在不久的将来再次拜访林教授,依然能看到杜鹃盛开时最美的瞬间。

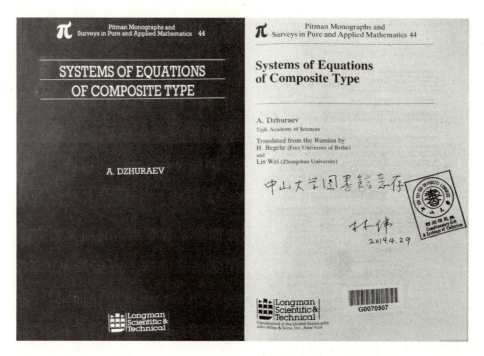

图 8　林伟教授译著(俄译英,现已收藏于图书馆特藏部)

做一名"能数能别"的数学工作者

——司徒荣教授访谈录

〖采访者信息〗

采访时间:2016 年 7 月 21 日

采访人员:郑荣泽 、潘珏 、马依帆

访谈录作者:毛冰玉

〖受访者简介〗

司徒荣 教授,博士生导师。1952 年进入中山大学数学系学习,1957 年毕业,在此期间曾赴北京俄文专修学校留苏预备班学习 1 年。后留校任教,曾任中山大学数学系概率教研室主任,主持多项国家自科基金项目,出版英文专著 3 部,合编出版教材《概率论与数理统计》。曾兼任中国数学会广东分会、美国数学会会员,中国概率统计学会理事,被收入"世界名人录"("Who's who in the world")11 版及 12 版。

1979年至2014年期间先后赴多个国家与地区参加学术交流活动，包括：美国加州大学洛杉矶分校、匈牙利布达佩斯、奥地利、立陶宛、日本名古屋、香港等高校和地区。

在与司徒教授通电话联系采访时，电话里的声音中气十足，受话者像是一位中年男子。于是，寻访队员便对这个声音的主人产生了浓浓的好奇之心。在那个有些许闷热的下午，寻访队一行人来到了司徒教授的家。教授家的陈设简单而温馨，小小的客厅里摆着一张书桌，上面放着一些书籍和报纸。教授热情地招呼我们坐下来，亲自为我们煮茶，关切地询问大家学习上的问题，一场热烈而亲切的谈话就这样开始了。

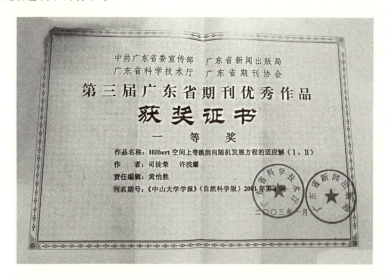

图9　司徒荣教授成果《Hilbert空间上带跳倒向随机发展方程的适应解（Ⅰ、Ⅱ）》获得广东省期刊优秀新作品奖

谈及中山大学，司徒教授面带笑容地告诉我们："我一直都住在这里，退休前就住这儿啦！"随后，司徒教授便开始为我们细数他与中大的渊源。司徒教授于1952年考入中大，在大一下学期时入选为留学苏联的候选人，而这样的殊荣在当时全校只有3人获得。大二时，他们3人一同赴北京学习俄语，为留学苏联做准备。然而遗憾的是，虽然司徒教授俄文成绩优异，最终却因客观原因与留学苏联的机会失之交臂。回到中山大学继续读书的司徒教授于1957年以优异的成绩毕业。毕业后，他刚好"赶上"干部下放劳动，而他又因为年龄较小成为了第一批被下放者；半年后回到广州，又刚好"赶上"芳村修铁路，年轻的司徒教授二话不说就加入了修铁路的队伍。"修铁路很苦啊，我们当时要挑泥沙，那些泥沙都浸了水，变得很重，挑三天泥沙后腿都肿啦！"教授摸摸自己的小腿，呵呵地笑着对我们说。后来司徒教授又"赶上"了"文革"期间的"拉练活动"，"赶上"了第一批去"五七干校"，"赶上"了去天堂山向农民学习。一直到改革开放后，因为对科研人员的大量需求，司徒教授才开始了真正专注于科研工作的日子。当然，在"文革"前，司徒教授也直接受教和受益于数学系的老教授如姜立夫、刘俊贤、胡金昌、郑曾同、梁之舜等前辈，从中司徒教授获益匪浅。例如，概率论、随机过程、随机微分方程初步等知识便是直接得益于郑曾同、梁之舜等德高望重的教授。

司徒教授在初中时学的外语是英语，在高一时恰逢新中国成立，便改学俄语；大学时，学的也是俄语。因为觉得有用而感兴趣，故一直继续自学英语。他说"我当时真的是认认真真地学，学了还自己拿来用，一点儿也没有浮于表面。"正因如此，在1979年选拔科研人员出国进修时，他才能在参加英语考试的数千人中，成为及格的5人之一。随后，司徒教授作为广东省第一批以访问学者名义出国进修的科研人员，远赴美国加州大学洛杉矶分校（UCLA）进行了为期两年的学习和研究。说到这里，司徒教授语重心长地勉励我们："你们学习可一定要认真学啊，认真学到的东西在你以后的人生里都受益无穷的；一定要掌握所学的实质，不要只学皮毛。"

当谈到科研时，司徒教授讲话都带着一种开心和自豪，眉飞色舞地向我们讲述着他的研究领域。"我是研究随机微分方程的，我来给你们吹吹牛！"说着起身找来了4本英文著作，说"这些就是我的研究成果"。看着我们惊讶的眼神，司徒教授开始一本本为我们介绍。虽然我还没有接触到教授所研究领域的知识，却从他的眼睛里看到了作为一个数学人提及数学时的狂热。"人家都说要能文能武，我觉得我们学数学的人呀，就要'能数能别'！"教授推推眼镜说道。"有些人觉得数学抽象而难以应用，那起码是不全面的。只要从道理上了解透彻就不难，而且很有参考价值，在社会各个方面都能用到。当然，对于较高深的数学，它的应用有时会滞后很多。例如控制论，10年后才发现它的重大应用价值。但是，如果我们不及早做好理论的准备，到需要用的时候跟不上去，就会使我们的国家、社会落后于时代而陷于被动。学数学学什么呢？就是要学独立思考的能力，学习有价值的思想方法。""学数学的孩子后劲儿足、潜力大！

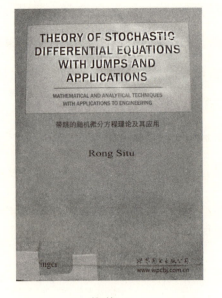

著作 1

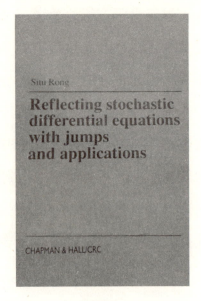

著作 2

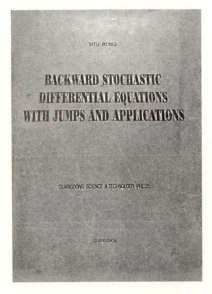

著作 3

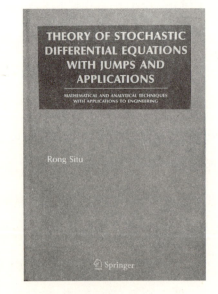

著作 4

图 10　司徒荣教授主要著作

举个例子吧，我之前听过一件真事，一个数学系的毕业生和一个工科毕业生同时到工科生对口的企业就职，刚开始的时候，工科生一下子就上手了，而数学系这个学生什么都不会。但一年后，这个数学系的学生的业务水平已经超过了那个工科生。为什么呢？就是因为当你学会了数学，其他的就变得不难了。'能数能别'这个'能'字不仅仅指会，还指要成为这个行业的有能耐的人！对吧？"

我们问到司徒教授对于目前学校"十二字育人方针"的理解时，教授谦虚地摆摆手说："我是个学理科的，这些话我可都不会说，但是我觉得这些说的很对。"司徒教授认为，在培养人才方面最主要的就是培养正确且优秀的思考方法，要让学生有独立的工作、学习能力，这也正呼应了"德才兼备"4个字；然后就是要让学生能够真正掌握学习能力，并且培养他们发展创新的能力。他说"我

图11　司徒荣教授获得香港高等学术研究中心基金会成立15周年纪念奖

当年在美国学习时收获最大的一点,就是他们的创新意识很强:美国的研究生在做课题时一般不喜欢去选已经有人研究过的课题,而喜欢自己创新;这是他们从小就培养起来的意识,我认为这点很好。"培养学生这些能力,一方面是为了个人以后的发展,但更多是为社会、为国家的未来考虑,也就是培养"领袖气质"、"家国情怀"。

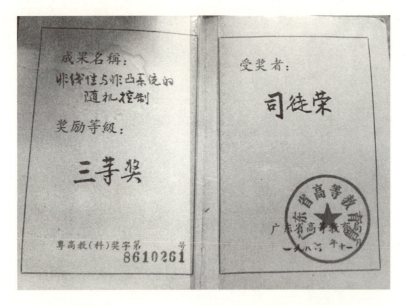

图12　司徒荣教授的成果《非线性与非凸系统的随机控制》获奖证书

在采访接近尾声时,我们提到让教授寄语给我们这些与他生活年代相差甚远的小辈们。教授笑笑说:"寄语啊,这我也不知道该怎么讲啊。"他希望我们能够正确地认识自己,珍惜在中大读书的机会,认真钻研数学;对于难以理解的知识,应该做到不断积累、下功夫研究。教授谈起自己学生时代的一个例子:对于很难、无法在

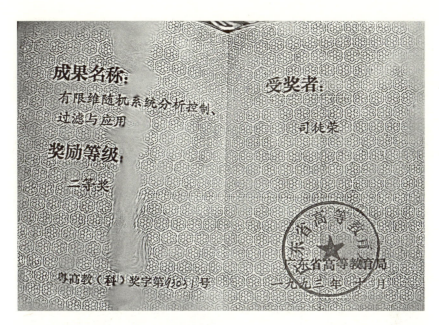

图 13　司徒荣教授的成果《有限维随机系统分析控制、过滤与应用》获奖证书

短期之内解决的问题,他会每一周留出一个下午的时间专门研究,这个下午过去后,无论自己研究到什么程度,他都会放在一边不再理会。而下一周的同一时间,再把这个问题拿出来继续研究。"这就是下功夫。功夫不负有心人,说不定哪一天,你就能有一个大突破。"教授总结说。

这是一次空气中充满着愉快分子的采访,话题轻松而流畅。司徒教授时不时的幽默逗得我们哈哈大笑,而他的博学多识则让我们深深地折服。最后,我想以教授写在队旗上的一句话作为结语:学海无涯苦作舟。只有在读书时认真地积累知识,有干劲、有能力,才能成为像教授那样"能数能别"的人。

图 14　司徒荣教授荣获中山大学卓越服务奖

图 15　司徒荣教授与寻访队员合影

刻苦钻研　励精图治

——邓永录教授访谈录

【采访者信息】

采访时间：2016年8月11日
采访人员：吕思韵、马依帆、毛冰玉、郑荣泽
访谈录作者：吕思韵

【受访者简介】

邓永录　教授，博士生导师。1964年中山大学数学力学系概率论专业研究生毕业。曾任中山大学数学系教授，研究生院副院长。1982—1983年在澳大利亚国立大学研究院统计系进修。1987年11月晋升教授。博士生导师，享受国务院政府特殊津贴。长期在中山大学从

事教学和科研工作，专业研究方向为概率统计和随机运筹学。历任中山大学数学系副主任、主任，研究生院副院长。曾先后兼任广东省数学会秘书长、中国数学会理事、广东省学位与研究生教育学会副理事长、中国学位与研究生教育学会理事、中国运筹学会可靠性学会副理事长、广东省统计学会副会长、日本文部省东京统计数理研究所年刊（AISM）编委。多次应邀到澳大利亚、新西兰、加拿大等国和中国香港、中国澳门、中国台湾等地区的大学进行学术访问。2001学年度被台湾中原大学聘为客座教授。

邓永录教授已在国内外刊物发表学术论文近40篇，出版专著、教材和译著13本（含与别人合作）。

图16　1986年邓永录教授在中山大学为研究生上课

2016年8月11日一大早，整个广州就沉浸在酷暑中，我们一行四人怀着与天气同样的热情，前去寻访数学学院的邓永录教授。教授在2007年搬到了校外居住，但为了方便我们采访，特地冒着酷暑回到学校。尽管邓教授年逾古稀，但精神矍铄、待人和善，对晚辈的疑惑耐心解答，悉心教导。在短暂的采访中，我们仿佛能看到他当年站在讲台上声情并茂讲课的情景。在与邓教授深入交谈的一个多小时里，我们如沐春风，被教授对学术研究的执着追求所打动，更被他对家乡的深厚情谊所感染。

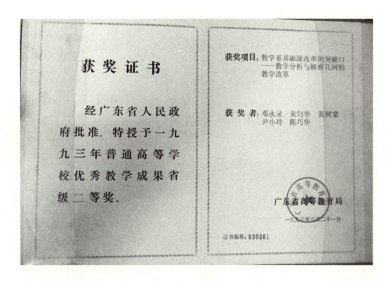

图17 邓永录教授的成果《数学系基础课改革的突破口——数学分析与解析几何的教学改革》荣获1993年普通高等学校优秀教学成果省级二等奖

求学岁月

邓永录教授的年轻时代充满了传奇色彩。虽然他最终扎根在中山大学数学系,但在人生的起步阶段,也有过辗转折和波折。邓教授1957年进入中大学习,本科读了四年,研究生也读了四年。作为当时全国万里挑一的研究生,他毕业后本可以留在学校做科研秘书,却因为公开了资料意外地被解放军部队选中,在部队度过了九年的时光。在此期间,邓教授运用自身知识帮助部队解决了大量工程难题。后来,他辗转到了武汉学水利工程,考进了当地水利组织。在做水利工程的时候,邓教授深刻认识到许多问题都与数学息息相关,并且如果要进一步提高工程技术,最终都脱离不了数学。然而,武汉的干热气候令他对家乡十分牵挂,他希望能回到广州继续在数学领域深造。因此当时填报志愿,教授便把中大数学系报在了第一志愿,最后他如愿回到中大,从此在这里扎根,一待就是30年。

图18 1983年邓永录教授作为访问学者在澳大利亚国立大学数学楼门口留影

图 19　1983 年邓永录教授在新西兰 Massey 大学

图 20　1995 年邓永录教授在香港科技大学

图 21　1996 年邓永录教授在高雄参加海峡两岸统计学会议

图 22　1997 年邓永录教授在加拿大访问

图 23　2002 年邓永录教授被台湾中原大学聘为客座教授

图 24　1996 年邓永录教授在高雄参加海峡两岸统计学会议

20世纪80年代，邓教授曾到澳大利亚、日本等国家的大学进行交流学习，掌握或部分掌握英、俄、德、法、日语，能看懂大多数外国的数学资料。在采访过程中，邓教授还谈及自己对语言学习的心得。他读研究生时第二外语是日语，访谈中，邓教授与我们探讨了中日两种语言中汉字的差异，比如"怪我"在日语里是"受伤"的意思，但是在中文意思就完全不同。日文没有标点符号，但是有思维变化，读起来比较吃力。随后，邓教授还小秀了德语和俄语。对不同国家的数学研究，他有独特的见解：美国是一个多元体，数学领域的各方面都有涉及，而欧洲国家注重学科理论，统计研究也比较出色。邓教授在学术生涯中获过许多研究成果的奖项，但他为人谦虚低调，对所获奖项一语带过。

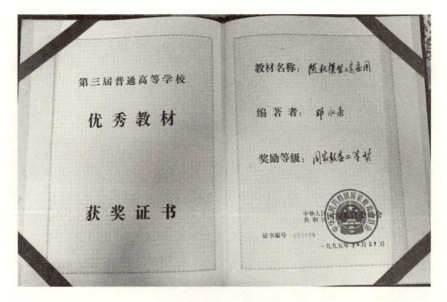

图25　邓永录教授编写的教材《随机过程及其应用》获得普通高校优秀教材奖

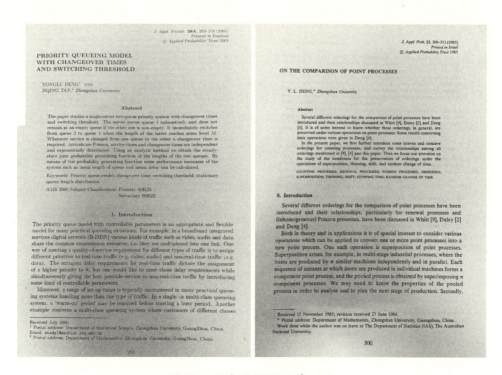

图26　邓永录教授发表论文

勉励后辈

邓教授还在教书的时候就经常对学生说:"现在的学生很幸福,可以有很多时间读书。我们那时候动不动就停课,搞卫生、搞运动,连学习的时间都没有。"的确,随着时代变迁,如今的大学生拥有更充足的资源和更先进的教学设备。在采访中,邓教授反复强调数学的重要性,尤其是数学分析,作为数学系最基本的课程,一定要学好、学透,以后无论做哪个分支的研究都有用。当时在邓东皋教授做系主任的时候,执教的科目就是数学分析。对于学数学没用的观点,邓教授极力反对。在他看来,数学分析培养人的逻辑思维,或许学生们在以后的工作中不会用到各种定理，但是基础还是非常重要的。邓教授讲述了当时在火箭炮营利用勾股定理解决定位问题的经历后，强调说，在大学4年的数学训练里，其中最重要的是打下知识基础，拥有自学能力，将来无论从事什么职业都没问题。不管哪一行，数学系的人刚开始表现可能不及其他专业的同学，但是五六年之后，学数学的优势渐渐就体现出来了。他还强调，大学期间，同学们不仅要关注学业，还要学会做人，培养自己待人处事的能力。对于目前的数学学习，邓教授指出，同学们刚开始跟不上是正常的，因为每个人的适应能力不同，经过一两年的专业学习，慢慢适应后就会比较顺利。他还鼓励学生不要怕失败，多算、多练、多看参考书，拓宽自己在专业方面的知识广度。总而言之，打好扎实的理论基础，德才兼修，对日后个人发展将有百益而无一害。

爱校情深

邓老对中山大学的感情深厚，每一期校报必看。谈起对中大的印象，他首先提出的就是广州这座城市，包括中大，最大的特点是包容性强，大家关系融洽。另外，中大十分重视基础学科，在数学系学习的时候，老师经常会给学生安排考试。虽然邓教授求学时也因为接连不断的考试而感到压力大，但现在回头想，还要感谢老师的严格要求，帮自己打下了坚实的基础。

在邓教授看来，每个时期的中大都有自己的特色，对于"十二字育人方针"，他非常赞同，但是表示要实现这个方针还有很长的路

图 27　1998 年邓永录教授在澳门参加学位授予仪式

要走，需要学生、教师、干部等全体中大人的共同努力。对于学校未来的发展，邓教授希望中山大学未来可以与复旦、南开、浙大等高校比肩，加入中国大学第一方阵，成为世界一流学府。

图 28　邓永录教授与寻访队员合影

春风化雨　润物无声

——赵怡教授访谈录

【采访者信息】

采访时间：2016 年 7 月 24 日

采访人员：马依帆、潘钰、毛冰玉、郑荣泽

访谈录作者：马依帆

【受访者简介】

赵　怡　教授，博士生导师。1963 年中山大学数学系本科毕业并留校任教。在校工作四十余年，主要从事关于控制系统和动力系统方面的研究。20 世纪 80 年代先后作为访问学者到美国 UCLA、Brown 大学，香港中文大学、浸会大学和香港理工大学等高校访问并进行学术交流与合作研究。主要研究方向为无

穷维控制系统和动力系统，教学和科研成果多次获得各类奖项，并在 JOTA、IEEE、Nonlinear Analysis IJBC 等国际杂志和中国科学等国内杂志发表论文多篇，主编或合作出版著作 4 部。曾任 CSIAM 控制数学分会理事、《数学进展》杂志编委、广东自动化会理事、《控制理论与应用》及《Journal of Control Theory And Application》杂志编委。先后主持 5 项国家自然科学基金项目、3 项广东省自然科学基金项目和 7 项中山大学高等学术中心资助项目。

当走进老师的家门，第一眼见到赵怡教授时，让我印象深刻的是他慈祥的眉眼和爽朗的笑声，感觉就是一位快乐的长者。赵老师在我们到访之前就已经摆好了座椅，并准备了饮用水和洗好的紫葡萄。作为前来采访的晚辈们，我们感到十分温暖。

赵老师家里的陈设简单而整洁。墙边的橱柜上摆设了一些大大小小的工艺品，墙壁上挂着一幅名为"春风长驻"的梅图，这些都是赵老师的学生赠送的纪念品。在给我们介绍纪念品的过程中，赵老师的脸上不禁流露出欣慰和骄傲。我们还注意到，橱柜上有一张 2011 年时许宁生校长为赵老师颁发"卓越服务奖"的照片。看罢，赵老师便开始为我们讲述他与中山大学 40 多年的故事。

赵老师 1963 年毕业于中山大学，在 20 世纪 80 年代作为国内第二批交流生前往美国加州大学洛杉矶分校学习控制理论。回国后开始学术研究，发表文章并编写著作。赵老师1989年晋升为教授，成为博士生导师之后，先后培养了19名博士生，学生们现如今也都取得了让赵老师满意而骄傲的成就。赵老师于2006年退休，但实际上直到2008年才真正地结束了教学工作。如今退休后的生活中，除了爱好围棋之外，赵老师仍会每天坚持看数学类的专业书籍，时常还会与学生讨论学术问题。

在40多年的教学工作和学术研究中，赵老师形成了对学习独到的见解和方法。赵老师提到，大学学习最重要的是养成良好的学习习惯，通过自主思考来形成自己的观点。首先，最关键的是长期记忆。长期记忆的方法是在学习一段时间之后，用自己理解的语言，认真地做小结，培养抓住知识框架中关键要点的能力，自主理解并领悟。其次，"在脑海中建立起一棵一课的知识树之后，要跳出来，去看整片森林"，自主地思考知识点之间的关联与衔接，提高思考的高度。通过这样不断的自主思考，才能培养出真正看懂一本书的能力，把书中的知识变为自己的知识储备。

我们都知道，学数学的学生在常人看来都是较为聪明的，考试分数也常常被固化地认为是聪明与否的标志。在提到聪明与否这个问题上，赵老师提出了他独到的见解。一般情况下，每个人的天赋都差不多，"但如何看一个人聪明与否呢？我认为是看他（或她）在做事情的时候，不管是感兴趣的事情，还是不感兴趣的任务，能不能将他（或她）的注意力高度集中起来，不受外界的影响，专心致志地完成一件事情"，只有这样，能高效完成每件事情，才能称之为"聪明的人"。而这种"聪明"在赵老师看来，也不是单纯由天资决定的，而是可以通过自我的锻炼得来的。当我们将自我要求提高后，不断地自觉地进行锻炼，也能够让自己的注意力更加集中。总之，赵老师认为，养成好的学习习惯，就是大学学习中最重要的事情，而自觉则是学习中最重要的品质。数学是我们数学专业学生的一个很好的学习根基，这个基础打牢了，涉足其它学习领域时也就能够游刃有余了。听完赵教授对学习独到的看法之后，我们深受启发，并暗下决心：在日后的大学时光里一定要更好地学习。赵老师谦虚地笑了笑，称这都是几十年来的学习和教学的成果，要感谢中山大学这个育人平台。

不仅仅是在中大学习和教学，赵老师也目睹了中大 40 多年来方方面面的变化，他对中大有着无法割舍的情感。他回忆到，自己在学校学习和工作的时期，人与人之间的关系十分纯粹，那个年代大家一起经历了不少的苦难，同甘共苦，情谊很深厚。让我感到印象最深刻的是，赵老师神采飞扬地向我们描述到，在他的求学时代，同学们自觉地互爱互助，不仅体现在生活上，更是体现在学习上。在那个时候，年级里面成绩最好的同学常常主动地将自己的笔记和作业抄在纸上并贴在学生寝室的墙壁，供大家参考学习。另外，学校要求体育达标时，寝室里有同学的跳远项目没能达标，其他同学便半夜四点把那位同学从床上拉起来，一起去操场练习跳远，大家一起争取体育达标，完成学校的各项要求。听赵老师讲一个个小故事，采访的小客厅里响起一阵又一阵的欢声笑语。对我们这些晚辈来说，这些经历很特别也很有趣，同时也让我们开始思考过去和现在人际关系的不同。如今，生活在温室的我们，不像从前赵老师那一代人，乐意于分享和互助，每个人的私人空间更大了。就连学习也变得更私人化。但大学里面与人交流和学习，对我们来说又是多么重要呀，我们应该更加主动地去与人沟通，互帮互助，将以前的好风气传承下去。

这一年来，中山大学进行了一系列变革。对罗俊校长提出的"十二字育人方针"，赵老师也提出了他的看法。首先，"德才兼备"是人才培养的最基本要求，其次，"领袖气质"显得特别了一些，但赵老师认为，领袖气质不一定要当领袖，更重要的是要从高处去看，有把握全局的眼光。总而言之，赵老师表达了对中大未来的祝愿，和对学生的希望。

访谈结束后，赵老师和夫人让我们将准备的葡萄吃完，并询问了我们平时的学生生活。仅仅一个半小时的时间，我们便领略到赵老师踏实、用心、谦虚、乐观的人格魅力。此行收获满满，感谢赵怡老师！在此，我们向您和夫人送上诚致的祝福！

图 29 赵怡教授和许宁生校长合照

图 30 赵怡教授与寻访队员合影

心系数院 桃李满门

——徐远通教授访谈录

〖采访者信息〗

采访时间：2015 年 9 月 25 日

采访人员：李旭、韦沙沙、屈芳玉

访谈录作者：徐璇

〖受访者简介〗

徐远通 教授，博士生导师。在中山大学数学力学系（1962—1967 年）就读本科，1978—1981 年攻读研究生。毕业后留校任教，曾任数学系副主任，后入选中加交流学者到加拿大从事科研；1992 年晋升为教授；1996 年成为博士生导师；1995 年当选为校工会副主席，1995—2006 年任中山大学副校长。

徐远通教授长期从事泛函微分方程理论研究和教学，主要研究方向为泛函微分方程理论及其应用，是该方向的学术带头人；发表学术论文数十篇，编著教材《泛函微分方程与测度微分方程》，于1992年获第二届中山大学优秀教材奖；主持的教学改革项目，曾获得第五届省级教学成果一等奖和国家级教学成果二等奖。主持的教学、科研项目多次获得国家级和省级奖项，并培养了一大批博士研究生和硕士研究生。曾任《数学评论》杂志评论员、中国数学会理事、教育部数学与统计学教学指导委员会委员、教育部科技委数理学部委员。

图31　海风中的徐远通教授

"你是一支美丽的歌谣唱了许多遍,灯下的身影,清晨的书声,青春不老的容颜……"听着第二校歌,再读学院校友部对徐远通教授的访谈稿时,又有了新的感受:仿佛闭上眼,就能在脑海里展现中山大学数学系自建立至今的一幅幅前进画面,像一部宏大的纪录片,既模糊又清晰——

历史悠久　分支众多

"中山大学数学系始创于1924年,1926年扩建为数学天文系,1947年天文系独立;1958年下设力学专业,形成数学力学系;1984年力学系独立;1997年,与科学计算与计算机科学系合并,扩建为数学与计算科学学院。

中山大学的数学学科从建立以来,一直秉持着孙中山先生创办中山大学的宗旨,为国家培养掌握国际最新的技术、具备国际先进理念的人才。用孙中山先生的话来说,就是"探究世界日新之现理"。由此可见数学系一开始便带有一定的应用背景的要求,因此,数学学科的发展需要根据国际形势变化做出相对稳定的调整。年逾花甲、精神矍铄的徐远通教授如数家珍地讲述着学院的发展历程。徐远通教授于1962年考入中山大学,成为当时数学力学系的一名学生。他说,19世纪和20世纪,很多的数学定理都是从力学中提炼出来的,因此过去的数学学习传统是数学与力学相结合。在他的5年本科学习生涯中,有3年都要学习物理,学习内容与物理系学生的十分接近。"文化大革命"结束初期,数学的应用发生了一些转变,应用领域逐渐拓展。比如，从 20 世纪 60 年代后期开始，很多数学家获得的诺贝尔奖便是经济的方向的。同时，生物学、生态学与数学的联系日益紧密，数学不再与力学合并在一起了。到 20 世纪 80 年代末出现了一个明显的趋势，即全球的信息处理绝大部分都需要数学的统计和随机模型来完成。而海量的信息处理不能只靠人，必须依赖计算机来完成。所以，中山大学较早地将数学与计算机学科结合在了一起，在本科四年级开设了计算机软件的课程，后来则将数学系扩建为数学与计算科学学院。

影响深远　地位突出

徐教授说，今年是中大数学系成立 91 周年，从长远来讲，中国数学发展的历史是很长的，但是从引进现代数学和成立中国数学会到现在，也就是 80 多年的历史。倡议成立中国数学会时，数学系的创建者姜立夫教授是非常积极的。由于成立数学会的时候，他没有在国内而是在欧洲，因此，第一届数学会的董事会、理事会的名单里面没有他。但当时中大数学系的系组长黄际遇教授，是我们国家第一届数学会成立时 8 位创始人之一。徐教授还告诉我们，在中国，我们现在所学的这一套数学知识，正是姜先生在欧洲留学的时候带回来的。

20 世纪中期，中山大学数学系最突出的研究方向有两个，一是概率统计，在全国是很出名的；二是微分方程，特别是常微分方程。这两个方向也是当时教育部确定中山大学数学学科发展的重点。"文

图 32 徐远通教授在中山大学 90 周年校庆现场

革"结束后,中国面临着人才紧缺的困境,很多学科没有新人从事研究;由于 10 年来没有认真开展工作,且与国外的前沿研究脱节,国内的很多老师当时都没有一个很明确的研究方向。因此,教育部决定重点培养一批年轻教师。当时,中大承办了 2 期培训班,安排全国研究概率统计的助教进修,共计约 100 余人参加。后来,在概率统计方向崭露头角的一批老师,基本上都在参加过中大培训的人。20 世纪 60 年代前后,因为微分方程能够被应用在核能研究和卫星研究上,一度受到极大的重视,全国专门开展了几期微分方程,特别是稳定性理论方面的师资培训。中山大学的许淞庆教授做过两期的教师培训工作,由于他的工作极有成效,还得到了教育部的专门嘉奖。

可见，中大数学系对我国现代数学的发展有深远的影响，在我国数学发展史上也具有较突出的地位。

师资雄厚　青出于蓝

正如第二校歌歌词所言的"根深叶茂"，亦与"人民群众是历史的创造者"同理，中山大学数学系之所以能枝繁叶茂，是因为有一群优秀的教师奠定了其稳固的根基。

图33　朱熹平副校长为徐远通教授颁发卓越服务奖

20世纪50年代,中山大学学者在函数论和几何两个学科方向的研究颇为出色。在函数论方面,有林伟教授这样的知名专家;在几何方面,则有姜立夫先生和早期从事几何研究的黄际遇教授。后来还有2位教师在微分方程这个方面做得很好,一位是胡金昌教授,他在研究一些数学问题时取得了突出的成绩,在美国时获得美国总统颁发的"金钥匙奖",留学回来后任中山大学理学院院长;还有一位就是徐远通教授的导师,曾留学苏联的许淞庆教授。

而从美国留学归来的郑曾同教授,因为最早在极限理论方面做了极其重要的研究工作,使这个很古典的理论在现代概率统计的运用和发展中拥有了核心的地位,被当时国内的很多学者称为"亚洲最好的概率统计学家"。

前辈如此优秀,教出来的学生自然也不甘落后。在办学后至"文革"前,中山大学数学系就已培养出3位著名的数学人才。一位是研究代数几何的李华宗先生,他毕业后到广西大学、武汉大学以及当时的中央研究院工作。令人惋惜的是,他在研究最顺利、最为年富力强的时候去世了,年仅38岁。但是,他作为拔尖的数学人才,在国内产生了很大的影响。直到现在,中科院以及台湾的一些研究院讲述数学史时,仍然会讲李华宗先生在中国数学史上发挥的突出作用。第二位是李国平先生,他是新中国成立后中国科学院的第一批学部委员。以前评定学部委员的规定是,在全国包括台湾地区,一个研究方向只能挑选出最出色的一名人才,

图34 徐远通教授在"星海之声"晚会

由全国最著名的数学家在科学院系统里经过挑选、反复协商而确定，很少增补。能入选新中国成立后第一批学部委员，可见李国平先生之优秀。后来，李先生出任武汉大学的副校长。还有一位是今年八月份刚刚去世的陆启铿先生，他曾是中科院很著名的数学物理专业的老资格院士。而在改革开放后不久，中山大学有朱熹平教授这样优秀的毕业生，他拿到过三年一次颁给华人数学家的晨兴数学奖，这是华人数学家所能获得的最高荣誉之一。此外，在晨兴数学奖颁发的第一届，中山大学就有张寿武教授和杨彤教授2位毕业生分获金、银奖；其后20多年来，中大毕业生在晨兴数学奖的评选上也表现不俗。

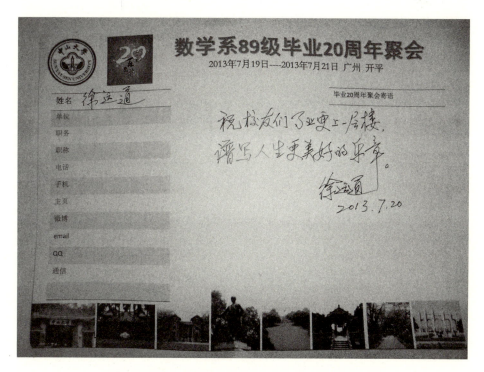

图35　徐远通教授（原中山大学副校长）寄语

编写采访稿时，我们意犹未尽。脑海中那些金光闪闪的名字，诠释着中大数学系当年飞扬的风采。在此，特别对能接受我们的采访、给我们讲述过去的故事的徐远通教授，表达崇高的尊敬和感激之情。

忆苦思甜　知足常乐

——周勤学教授访谈录

〖采访者信息〗

采访时间：2016 年 8 月 24 日

采访人员：徐璇 、毛绮雯 、赵帆帆 、杨重报

访谈录作者：徐璇

〖受访者简介〗

周勤学　教授，1964 年进入中山大学，就读于数力系力学专业，1969 年毕业于中山大学，后留校任教。1999—2004 年曾任中山大学数学与计算科学学院副院长，2004—2008 被聘为全国理科高等数学研究会常务理事职称教授，现已退休。曾主持 1 项教育部世界银行贷款支持的教育改革项目，具有丰富的教学管理经验。主要学术成果有：《数学规划及其应用》《数学生物经济学——更新资源的最优管理》（译著）、

《稻纵卷叶螟幼虫的最优控制》《Bland 避免循环的单纯形方法的改进》《大学数学分层次教学的研究与改革》，本书亦曾获第五届广东省高等教育省级教学成果奖。

八月的中山大学，阳光正好，微风拂来，十分惬意。在这样明媚的日子里，笔者和其他 3 位队友在新数学楼迎来了我们的寻访对象——周勤学教授。周教授一进门就十分热情地和我们握手、寒暄，让我们喊他"周老师"，脸上也展露出和蔼的笑容，使我们紧张的心情放松了下来，很顺利就进入了访谈正题。

初入中大

周勤学教授于 1964 年进入中山大学，当时数学系和力学系还没有分开，合称"数力系"。其中，数学专业招收约 90 人，力学专业招收约 30 人，他是力学专业的学生。周老师说，当年中大招生规模远不比现在，每年招生不超过 1000 人，但全国知名度和现在差不多，也有很多外省学生，尤其是中南地区的学生报考中大。

入学时，"三年自然灾害"刚刚过去，同学们还未从粮食匮乏的状况中恢复过来，而学校不仅提供足量的饭菜，而且每个星期还会加餐一次，因此伙食得到了极大的改善，同学们都非常满足。回忆起当时打饭能打一盆的旧事，周老师笑得十分灿烂，说"非常幸福"，还和我们分享了一位同学的趣事：该同学从湖北考来，入校不到一个月，体重就增了 10 斤，可见中大伙食之好。"想当年啊，早餐一碟炒粉、两个馒头，我们就偷笑了"，周老师神采飞扬地说起往事，仿佛从前同学们那种兴奋劲还历历在目。

20 世纪 60 年代，物质匮乏，交通不便，要离开中大这片遍布农田的校园还得靠公交和渡船，地铁对大家而言就是天方夜谭。与充满手机、互联网等通讯工具和交通便捷的现代相比，彼时的同学则没有那么多娱乐，能称的上是娱乐活动的就是看电影了。每周六晚上，大家在广场上排排坐，一起等待放映电影，十分热闹。除此之外，同学们就过着宿舍、饭堂、图书馆"三点一线"的规律生活，学习生活如火如荼。不过当年大家锻炼的热情也是很高涨的，一下课就纷纷涌向操场，打球、跑步，不亦乐乎。

谈到教学，周老师回忆道，当时是小班教学，每个班都配有一位助教，讲课的老师也都是教授级别的。他还忆起当年几位印象深刻的老师：教微方程的胡金昌教授、教数学分析的刘俊贤教授、教概率统计的郑曾同教授，还有许淞庆教授和梁之舜教授等。小班教学拉近了学生与老师的距离，每位老师都能够叫出每一位学生的名字。"那时候的课堂倒是比现在的活跃多了，大家遇到不懂的问题可以争论，经常争得面红耳赤。"老师的话语里，似乎透着一股惋惜。

社会历练

周老师的大学时代度过了 2 年幸福的时光后，就开始军训了。

谈起在军训基地训练，周老师的语气十分轻松愉悦。训练艰苦，一个星期放半天假，已足够让大家欢呼雀跃，纷纷窜出学校奔往郊外撒欢。有一次，大家一起去爬白云山，结果在山上遇上了马蜂群，大家被叮得十分狼狈，这让周老师记忆犹新。

然而因为"文革"，1964级的军训几个月后就提前结束了。动荡时代来临，学校政治气氛变得比较浓厚——"大字报"在学校里随处可见，领导受到冲击，学生也是惶惶不可终日。不久之后，"大串联"开始了。周老师和几个同学开始了"长征"，从广州一步一步走到井冈山，走了近一个月，夜里就在接待站里用自己带来的棉被打地铺。周老师说，其实这些苦都不怕，毕竟大家都是20多岁的年轻人，走一段路在体力上而言并没有什么难度，真正得到锻炼的是意志。这次出行也算让他们见了一番世面：一路上治安很好，老百姓都十分热情地招待他们。"长征"结束一段时间以后，军工接管学校，"学生在学校里因为停课，学习受到影响，开始自发组织复课，请老师回来上课。"老师回想着当年的"大胆"经历，自豪之情溢于言表。后来，学校还组织了"下厂"、"下乡"等活动，从老师的描述中，我们体会到了他们那代人所经历的坎坷与波折。也正是因为当年的磨砺，让周老懂得感恩当下，珍惜现在，知足常乐。

图36　周勤学教授全国理科高等数学研究会常务理事聘书

图37　周勤学教授部分获奖证书

留校任教

到了20世纪70年代，学校集中学生学习，准备给大家安排工作。按现在的标准，数学系的学生需要取得博士学位，甚至要有海外留学的经历才能成为高校的教师。但在当时，国家处在一个非常困难的时期，能读研的学生寥寥无几，遑论出国留学。

因为很多老师即将退休，青黄不接，所以学校在1964级、1965级的学生中选留了200多位学生作为培养对象，留校作为过渡师资，解决本科教学的任务。其中，数力系留了20多人，力学专业留下的8名学生中一直在中大执教的有6名。到20世纪80年代，数学与力学分别独立后，6人中3人留任力学系，2人留任数学系，1人留任计算机系。

后期，数力系顺应当时的院系分化形势，紧随寻找突破口、强化培养应用类人才的大流，分设数学系与力学系。同时，中大也陆续建立起许多新院系，如管理学院、岭南学院和政治系；数力系也派生出一系列新的专业，如计算、信息、工程和力学。"所以说，我们数学系真的是很了不起的啊！"周教授不禁感慨道。后来中大还扩建了东校区和珠海校区，周老师这一辈人就是这些校区最初的见证者和开拓者。他们奔波于不同校区之间，建设基础学科，为新校区的完善与发展打下了坚实的基础，为中大如今的枝繁叶茂贡献了自己的一份力量。

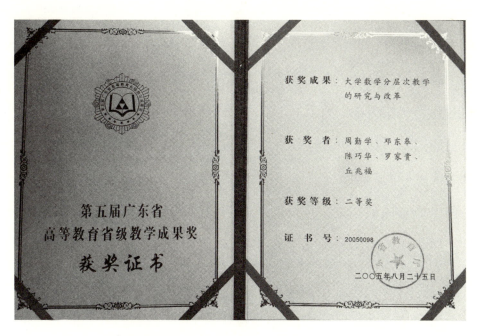

图 38　周勤学教授广东省高等教育省级教学成果获奖证书

教学之见

周老师于 2006 年退休，数载光阴飞逝而过，但他仍然十分关心和了解学院的现况。他一直认为教学中互动是很重要的，如果不需要互动，那么"全世界每一门课只安排一个教师就够了"。提到对学院教学建设的建议，周老认为，扩招之后现在的大班教学应该逐渐恢复成之前的小班教学，让教师和学生在课堂上有更多的互动，让学生从互动与讨论中主动地吸收知识。听闻学校有计划将师生比提高到 1∶15，他很支持。

至于随着学校的学科调整，今年学院部分计算数学师资调到数据科学与计算机学院的变动,他说,回归本位发展数学是好的,但作为数学学科,数学系近年来注重和世界的联系,在学院中发展偏应用的专业,是为了考虑学生的出路:"我们招生很多,但搞数学研究的人是比较少的,那么那些没有读研的学生怎么办?总要为学生开一些门路,让大家出去以后有新发展,实际上也是这样做的……除了成绩好的同学,对于成绩一般的同学,把基本功打好,有其他兴趣也是应该鼓励的。"当我们询问他对教师科研压力大有何看法时,周老师表示,教师之本在于教学,虽然时代已经不同了,但教学仍应是重中之重。

周老师告诉我们,他们作为特殊的一代,是连接改革开放的桥梁,有着完成教学任务的使命,还要编写教材,比如《数学规划》;要发展新的专业,比如现在的应用数学还有运筹学与控制论……这些都是中大发展过程中重要的搭建工程,如果给教授过大的科研压力,那这些基础的搭建工作谁来做呢?过去有一段时间,教授们曾忙于写论文,忽视教学,甚至连课都不上了,所以在邓东皋院长的带领下,由数学系的老师们首先提出了"教授要上讲台"的观点。

提起邓东皋院长,周老师说,邓院长是由当时的数学系主任林伟老师引进的,林伟老师注重培养人才,如果没有条件培养,就要"创造条件培养",所以引进了邓院长。邓院长不仅在学术上造诣颇深,而且很注重引进和培养人才。邓院长在其任职期内,教学队伍就初具现在的规模,此外还破格提拔了一些优秀人才,学院涌现了很多杰出青年。朱熹平、陈兵龙和赵育求老师等优秀人才就是这样脱颖而出的。

回首往事，周老师总结说，数学系经历过很多困难，初始办学条件很差，是一步一步发展到现在的规模的：以前没有经费搞科研，新世纪开始经费才变多；以前教师职称很低，后来也逐渐都评上了相应的职称；以前教师工资很少，现在教师的工资已提高到社会中偏上水平；以前办学环境恶劣，现在上课、办公环境都堪称"优越"……很多问题慢慢都解决了。所以，周老师教导我们说，一定要有耐心，怀抱希望；国家也是历经非常困难的阶段，才取得到今天的辉煌，走向复兴之路。作为年轻一代，就更应这样了。

生活之道

周老师年逾七十依然精神矍铄，思路清晰，让我们不禁对他养生的秘诀产生好奇。周老师说，在校读本科时常打篮球，还是系队的一员；前几年在打网球，是教工网球队老年队的队长。当我们惊叹于周老师的奕奕风采时，周老师遗憾地表示，如今已因身体不适，于是放下了激烈的球类运动，平时以散步放松身心为主。

他语重心长地告诫我们，健康很重要，要经常锻炼，可以像以前中大的学生一样早起锻炼，做做早操，下午下课后去运动场做运动。他在以前的教学过程中了解到很多同学没有吃早餐的习惯，希望同学们能够好好吃早餐，有一个健康的身体。此外，最重要的就是有一个乐观的心态。比如,有些同学初来乍到,觉得学校的环境比不上自己家里,就会产生一定的负面情绪。他说:"年轻人不能遇到一点挫折就受不了,时间能够解决一切,要能够坚持。吃苦实际上是人生必修的一课,没有吃过苦怎么知道甜呢?"

想起之前周老师对于个人经历的叙述,并没有花篇幅讲受过的苦,而是讲在苦日子中的一些趣事,说自己已经很幸福、很知足,老师的肺腑之言中流露出的是一种无法掩饰的安适与平静,实在让笔者深受触动。最后,我们请周老师讲一讲这么多年来他最幸福最开心的一件事。他说:"说起最开心,实际上个人的没有什么,应该是看着国家一年一年地好起来,国家好起来了,我们也就好起来了……我对现在的生活很满足。"

图39　周勤学教授为寻访队旗帜签名

采访结束后,我们请周老师和我们一起在新数学楼前拍合照。照片背景里那栋宏伟的建筑,稳稳地矗立在中大的土地上,谁能知道需要多少个像周老师这样默默添砖加瓦的人,才能将它建杜得如此稳固呢?笔者和队友在此衷心地感谢每一位为中大做出贡献的老师,祝愿他们幸福安康!

后　记

这本《峥嵘岁月数苑情——数学老教授寻访录》是"中山大学数学学科发展丛书"的第一辑。全书采用访谈老教授的方式搜集整理，通过前辈们的亲历和写实的描述，力求寻找数学学科发展的历史沿革。

希望青年学子从中学习并铭记老一辈中大数学人的拓荒伟业和求索精神，在学习、治学、生活、工作乃至人生发展，都能很好地继承和发扬。

本书在寻访、编纂过程中，得到林伟、邓集贤、司徒荣、邓永录、赵怡、徐远通、周勤学等老专家、老领导的热情支持，得到学院周彦敏、许桂生等校友工作人员的精心组织，得到本科生组成的校友寻访队成员倾心配合，在此一并衷心致谢！

编　者

2016 年 11 月于康乐园